FORSCHUNGSBERICHT DES LANDES NORDRHEIN-WESTFALEN

Nr. 2973 / Fachgruppe Hüttenwesen/Werkstoffkunde

Herausgegeben vom Minister für Wissenschaft und Forschung

Dr. Michael Martin
Prof. Dr. Eckhard Nembach

Institut für Metallforschung
der Universität Münster

Überlagerung von Mischkristall- und Teilchenhärtung im System (CuAu)-Co

Springer Fachmedien Wiesbaden GmbH 1980

CIP-Kurztitelaufnahme der Deutschen Bibliothek

Martin, Michael:
Überlagerung von Mischkristall- und Teilchen-
härtung im System (CuAu)-Co / Michael Martin ;
Eckhard Nembach.

(Forschungsberichte des Landes Nordrhein-
Westfalen ; Nr. 2973 : Fachgruppe Hütten-
wesen, Werkstoffkunde)
ISBN 978-3-531-02973-3
NE: Nembach, Eckhard:

© 1980 by Springer Fachmedien Wiesbaden
Ursprünglich erschienen bei Westdeutscher Verlag GmbH, Opladen 1980
Gesamtherstellung: Westdeutscher Verlag

ISBN 978-3-531-02973-3   ISBN 978-3-663-20413-8 (eBook)
DOI 10.1007/978-3-663-20413-8

Inhalt

1.	Einleitung	1
2.	Experimente	5
2.1	Legierungsherstellung	5
2.2	Einkristallzucht und Probenpräparation	7
2.3	Messung der Teilchendispersion	8
2.4	Messung der kritischen Schubspannung	13
2.5	Messung der elastischen Moduln	18
2.6	Messung der Fehlpassung der Teilchen	20
3.	Diskussion	23
3.1	Prüfung der Gleichung (5)	25
3.2	Prüfung des Superpositionsgesetzes	27
4.	Schlußfolgerung und Ausblick	32
5.	Danksagungen und Anerkennungen	33

1. Einleitung

Die Auswertung experimenteller Untersuchungen der Teilchenhärtung wird fast immer dadurch kompliziert, daß ihr Mischkristallhärtung überlagert ist. Der Grund für deren Auftreten ist, daß die Atome, die zur Ausscheidungsbildung einlegiert werden, zum Teil in der Matrix gelöst bleiben. Die gemessene kritische Schubspannung τ_t (Index t steht für "total") setzt sich also aus dem Betrag τ_p (Index p steht für englisch "particle") der Ausscheidungspartikel und dem der Mischkristallhärtung τ_s (Index s steht für englisch "solid solution") zusammen. Zwangsläufig stellt sich die Frage nach dem funktionalen Zusammenhang zwischen τ_t, τ_p und τ_s.

Der Einfachheit halber hat man meist angenommen, daß sich τ_s und τ_p zur gesamten kritischen Schubspannung τ_t linear addieren:

$$\tau_t = \tau_s + \tau_p \qquad (1)$$

Im Zusammenhang mit der Superposition anderer Härtungsmechanismen, z. B. Härtung durch zwei Klassen von Teilchen, ist auch die quadratische Superposition vorgeschlagen worden:

$$\tau_t = (\tau_s^2 + \tau_p^2)^{1/2} \qquad (2)$$

Schließlich wurde auch eine gewichtete Mittelung diskutiert:

$$\tau_t = \sqrt{v_s}\, \tau_s + \sqrt{v_p}\, \tau_p. \qquad (3)$$

Dabei sind v_s und v_p definiert durch

$$v_s = \frac{n_s}{n_s + n_p} \quad , \quad v_p = \frac{n_p}{n_s + n_p}. \qquad (4)$$

Die Größen n_p und n_s geben an, wieviele Teilchen bzw. gelöste Atome in der Einheitsfläche liegen. Zusammenfassende Darstellungen dieses Problemkreises findet man z. B. bei Brown und Ham (1971) sowie bei Kocks et al. (1975).

Obwohl das Superpositionsgesetz für die Auswertung von Experimenten zur Teilchenhärtung von fundamentaler Bedeutung ist, wurde es bisher kaum untersucht. Computersimulationen von Foreman und Makin (1967) deuten an, daß sich Mischkristall- und Teilchenhärtung gemäß Gleichung (1) superponieren. Diese Autoren fanden nämlich heraus, daß Gleichung (1) zutreffend ist, wenn die eine Hindernisklasse viel stärker mit Versetzungen wechselwirkt als die andere. Gleichung (2) wird erwartet, wenn zwei Klassen gleich starker Hindernisse vorliegen. Experimentelle Untersuchungen zu diesem Themenkomplex liegen von zwei Forschergruppen vor. Allerdings galt ihr primäres Interesse nicht dem Superpositionsgesetz. Ebeling und Ashby (1966) härteten sowohl reines Kupfer als auch Kupfer mit 0.6 at% Gold mit Siliziumoxidpartikeln. Ihre Ergebnisse werden gut durch Gleichung (1) beschrieben. Hirsch und Humphreys (1970) untersuchten ein ähnliches System: Kupfer-Zink-Mischkristalle mit Aluminiumoxidpartikeln; der Zinkgehalt betrug bis zu 30 at%. Auch in diesem Falle wird Gleichung (1) bestätigt. Bei diesem System wird jedoch durch den Zinkzusatz die Stapelfehlerenergie der Matrix herabgesetzt und damit die Aufspaltung der Versetzungen verändert. Dies wurde von den Autoren nicht berücksichtigt. Es ist unbekannt, welche Auswirkungen diese Vernachlässigung auf die Ergebnisse hat. Ferner ist zu beachten, daß es sich bei beiden hier angeführten Untersuchungen um Dispersionshärtung handelt, d. h. die Teilchen sind inkohärent und so hart, daß sie von den Versetzungen nicht geschnitten werden.

Im folgenden wird über experimentelle Untersuchungen zur
Überlagerung von Mischkristall- und Teilchenhärtung im
System (CuAu)-Co berichtet. In diesem Legierungssystem
scheiden sich bei geeigneter Wärmebehandlung in einer
CuAu-Mischkristallmatrix kugelförmige, kohärente Co-reiche
Teilchen aus. Wesentliche Vorteile dabei sind:
1. die Möglichkeit den Mischkristall- und Teilchenanteil
   unabhängig voneinander zu variieren,
2. die Möglichkeit die Teilchengröße und den Volumenbruchteil bequem magnetisch zu messen, da die Teilchen für
   Radien kleiner als 4 nm superparamagnetisch sind.

Die Zusammensetzung der Legierungen wurde so gewählt, daß
der Goldanteil der Matrix bis zu 6 at% und der Volumenbruchteil der Teilchen bis zu 2.6 % beträgt. Da Gold dieselbe Wertigkeit wie Kupfer hat, wird durch den Goldzusatz
die Stapelfehlerenergie der Matrix nicht verändert. Verset-
zungslinienspannung, -energie und -struktur variieren
somit nur entsprechend den elastischen Moduln.

Sowohl die Teilchen als auch die Matrix haben die kubisch-
flächenzentrierte Kristallstruktur. Da erstere eine etwas
kleinere Gitterkonstante als die Matrix haben, sind sie
von einem Kohärenzspannungsfeld umgeben, welches mit dem
Spannungsfeld der Versetzungen wechselwirkt. Dadurch erhöht
sich die kritische Schubspannung der ausscheidungsgehärte-
ten Legierung um τ_p. Dieser Beitrag wurde von mehreren
Autoren (Gerold und Haberkorn (1966), Gleiter (1967),
Jansson und Melander (1979)) theoretisch berechnet:

$$\tau_p = A \, (G|\epsilon|)^{3/2} \{frb/(2T)\}^{1/2} \qquad (5)$$

A ist eine numerische Konstante; sie hat nach Gerold und
Pham (1979) den Wert 3.7. Für kfz Kristalle ist G der
Schubmodul in {111}-Ebenen in <110>-Richtungen, er bestimmt
die Wechselwirkungsstärke zwischen Versetzung und Teilchen.

Im folgenden wird er mit G_B bezeichnet. ε beschreibt die
Fehlpassung der in der Matrix kohärent, verspannt eingebauten Teilchen. f und r sind der Volumenbruchteil bzw.
der Radius der Teilchen. b ist der Burgers-Vektor und T
die Linienspannung von Stufenversetzungen. Es geht deren
Linienspannung ein, da sie durch die Teilchen stärker
behindert werden als Schraubenversetzungen. Alle o. g.
Autoren außer Gleiter kamen zu demselben Ergebnis, lediglich in der Konstanten A gibt es geringe Unterschiede.
Gleiter gibt für den Exponenten von f 5/6 an.

Bei der Herleitung von Gleichung (5) wird vorausgesetzt,
daß sich die Versetzungen zwischen den Hindernissen kaum
ausbiegen. Deshalb gilt Gleichung (5) nur, wenn

$$r|\varepsilon|bG_B/T < 0.2$$

ist (Gerold und Pham 1979). $r|\varepsilon|bG_B$ ist ein Maß für die
Wechselwirkungskraft zwischen einem Teilchen und einer
Versetzung.

G_B, b, ε und T variieren mit dem Goldgehalt der Matrix.
Auf diese Abhängigkeit wird in den Abschnitten 2.5 und
2.6 näher eingegangen.

2. Experimente

2.1 Legierungsherstellung

Im folgenden werden alle Konzentrationen als Atombruchteile angegeben. Die Zusammensetzung der Legierungen wurde so gewählt, daß vier verschiedene Mischkristallmatrizen jeweils fünf verschiedene Volumenbruchteile Co-reicher Teilchen enthalten. Aus den binären Phasendiagrammen von Cu-Co, Cu-Au, Co-Au (Hansen (1958), Elliott (1965), Shunk (1969)) und einigen eigenen Untersuchungen an ternären Legierungen läßt sich schließen, daß bei der Auslagerungstemperatur von 550 °C der Co-Gehalt der Matrix unabhängig von ihrem Au-Gehalt 0.003 beträgt. Die Zusammensetzung der Teilchen ist: 0.91 Co, 0.086 Cu und 0.004 Au. Enthält die Matix kein Au, so werden die 0.004 Atombruchteile Au durch Cu ersetzt. Der hier angegebene Co-Gehalt der Matrix steht in guter Übereinstimmung mit dem von Witt und Gerold (1969) angegebenen Wert für das binäre System Cu-Co bei 600 °C. Die in dieser Arbeit verwandten Legierungen sind durch zwei Ziffern i/k gekennzeichnet: i gibt den Bruchteil ϕ der Atome an, die in die Teilchen eingebaut sind, während k die Au-Konzentration c_{Au} der Matrix angibt. Für i = 1, ..., 5 durchläuft ϕ die Werte 0.0, 0.0109, 0.0147, 0.0200, 0.0266. Für k = 1, ..., 4 nimmt c_{Au} die Werte 0.0, 0.01184, 0.03184, 0.05959 an. Demnach ist z. B. bei der Legierung 3/4 ϕ = 0.0147, d. h. 1.47 % aller Legierungsatome sind in den Teilchen enthalten, und die Au-Konzentration c_{Au} der Matrix ist 0.05959. Die Werte für ϕ und c_{Au} sind so gewählt worden, daß die kritischen Schubspannungen τ_p und τ_s in etwa linear mit i bzw. k variieren. In Tabelle 1 sind die pauschalen Zusammensetzunge der 18 erschmolzenen Legierungen angegeben. Für alle Legierungen beträgt die Reinheit der Ausgangsmaterialien: Cu: 0.99997, Au: 0.9999 und Co: 0.9999.

Wie sich der Tabelle 1 entnehmen läßt, zeigen die Legierungen
1/1, 1/2, 1/3 und 1/4 nur Mischkristallhärtung, die Legierungen 2/1, 3/1, 4/1 und 5/1 fast nur Teilchenhärtung,
während alle anderen Legierungen durch beide Mechanismen
gehärtet werden. Durch den Vergleich der kritischen Schubspannungen dieser drei Gruppen von Legierungen kann auf
das Superpositionsgesetz der beiden Härtungsmechanismen
geschlossen werden.

Für die Messung der elastischen Moduln (Riehemann und
Nembach 1979) wurden zusätzlich noch drei binäre CuAu-
Legierungen mit den nominellen Au-Gehalten 0.02, 0.05 und
0.075 hergestellt.

Alle Legierungen wurden im Mittelfrequenzofen in Graphittiegeln unter 300 mbar Argon aus Vorlegierungen erschmolzen. Die so erhaltenen Legierungsstäbe mit 8 mm Durchmesser
wurden auf 4 mm Durchmesser runtergehämmert. Chemische
Analysen und Untersuchungen mit der Elektronenstrahlmikrosonde ergaben, daß die gewonnenen Legierungen homogen sind
und ihre Zusammensetzungen den Angaben in Tabelle 1 entsprechen.

Tabelle 1: Pauschale Zusammensetzungen der Legierungen

Legierungsnummer	c_{Cu}	c_{Au}	c_{Co}
1/1	0.9970	-	↑
1/2	0.9852	0.01184	0.00300
1/3	0.9652	0.03184	
1/4	0.9374	0.05959	↓
2/1	0.9871	-	↑
2/2	0.9754	0.01176	0.01289
2/3	0.9556	0.03154	
2/4	0.9281	0.05898	↓
3/1	0.9837	-	↑
3/2	0.9719	0.01173	0.01633
3/3	0.9522	0.03143	
3/4	0.9249	0.05877	↓
4/1	0.9789	-	↑
4/2	0.9672	0.01168	0.02114
4/3	0.9476	0.03128	↓
5/1	0.9729	-	↑
5/2	0.9612	0.01163	0.02713
5/3	0.9418	0.03110	↓

2.2 Einkristallzucht und Probenpräparation

Für die Messung der elastischen Moduln wurden <110>-, für die Verformungsexperimente mittelorientierte Einkristalle mit 4 mm Durchmesser verwandt. Sie wurden in Graphittiegeln unter Argon nach dem Bridgman-Verfahren mit Keimen gezogen. Die Ziehgeschwindigkeit lag zwischen 0.5 und 6 mm/min. Hohe Au-Konzentrationen erforderten langsames Ziehen. Die so erhaltenen Einkristalle wurden funkenerosiv auf die gewünschte Länge geschnitten: 163.2 mm für die <110>- und 14 mm für die mittelorientierten Einkristalle. Anschließend wurden die unter 300 mbar Argon in Quarzampullen eingeschmolzenen Proben 24 h bei 1020 °C homogenisiert und an Luft abgekühlt. Die Präparation der für die Messung der elastischen

Konstanten bestimmten Einkristalle war damit abgschlossen. Bei den Verformungsproben, die Co enthalten, bildeten sich während der langsamen Abkühlung kleine Co-reiche Teilchen. Deshalb wurden alle Verformungsproben noch eine Stunde bei 970 °C im Argonstrom geglüht und direkt in eine Kältemischung von -20 °C abgeschreckt.Dadurch konnte die Teilchenbildung unterdrückt werden. Da bei den höher legierten Proben die Orientierung längs des Kristalls um bis zu 6° variierte, wurde der Schmid-Faktor für jede einzelne Verformungsprobe bestimmt. Die Faktoren liegen zwischen 0.48 und 0.50.

2.3 Messung der Teilchendispersion

Es ist bekannt, daß die kleinen Co-reichen Partikel in guter Näherung als kugelförmig angesehen werden können (Ernst et al. (1971)). Wird eine (CuAu)-Co-Probe unterhalb der Löslichkeitsgrenze geglüht, so bilden sich sofort sehr viele, sehr kleine Co-reiche Partikel. Die Matrix erreicht dabei schnell ihre Gleichgewichtskonzentration an Co. Später wachsen die größeren Teilchen auf Kosten der kleineren. Der Volumenanteil f aller Teilchen bleibt während dieses Koagulationsprozesses konstant. Für ihren mittleren Radius $\bar{r}$ gilt als Funktion der Auslagerungszeit:

$$\bar{r} = (wt + r_0^3)^{1/3} \qquad (6)$$

w und r_0 sind bei gegebener Temperatur konstant, sie hängen jedoch von f und c_{Au} ab. Die Radien der Teilchen haben eine ziemlich schmale Verteilungsfunktion: die volle Halbwertsbreite beträgt nur etwa 0.4 $\bar{r}$ (Lifshitz und Slyozov (1961), Wagner (1961)). Aus dieser Verteilungsfunktion berechnete Nembach (1971) den Mittelwert $\bar{r^n}$ über die n-te Potenz von r.

Da die Co-reichen Partikel superparamagnetisch sind, können sowohl $\bar{r}$ als auch der Volumenbruchteil f aus magnetischen Messungen gewonnen werden. Werden super-

paramagnetische Teilchen, die in eine nichtmagnetische
Matrix eingebettet sind, in das Magnetfeld H gebracht,
so gilt für die Magnetisierung M der ganzen Probe
(Kneller (1969)):

$$M = fM_s \left\{ \coth\left(\frac{4\pi\rho^3 M_s H}{3kT}\right) - \left(\frac{3kT}{4\pi\rho^3 M_s H}\right) \right\} \quad (7)$$

Dabei ist M_s die Sättigungsmagnetisierung der Teilchen,
die alle als gleich groß angenommen sind, ρ ihr Radius,
T die Meßtemperatur und k die Boltzmann-Konstante. M_s für
die Co-reichen Partikel wurde aus der Änderung der Curie-
Temperatur θ mit der Cu-Konzentration von Co-Cu-Legierungen
(Köster (1937)) erschlossen. Sinkt θ durch den Legierungs-
zusatz Cu um $\Delta\theta$, so gilt für die entsprechende Absenkung
ΔM_s der Sättigungsmagnetisierung von Co: $\Delta\theta/\theta = \Delta M_s/M_s$.
Damit erhält man für M_s der Co-reichen Teilchen bei einer
Meßtemperatur von 77 K: $M_s = 1.665$ Vsec/m².

Für $M < 0.1\, fM_s$ ist Gleichung (7) mit sehr guter Genauigkeit ersetzbar durch

$$M = \frac{4\pi}{9} \frac{\overline{r^6}}{\overline{r^3}} fM_s^2 \frac{H}{kT} \quad . \quad (8)$$

Diese Gleichung berücksichtigt bereits, daß nicht alle
Teilchen den gleichen Radius haben. Dies erfordert die
Mittelung über die Potenzen der Radien r. Aus der Ver-
teilungsfunktion der Radien r ergibt sich $\overline{r^6}/\overline{r^3} = 1.424\, \overline{r}^3$.
Wählt man H klein genug, so ist immer Gleichung (8) anwend-
bar. Für sehr große Verhältnisse $M_s H/kT$ geht M gegen fM_s:

$$M = fM_s \quad . \quad (9)$$

Die experimentelle Bestimmung der Funktion M(H/T) liefert
also $\overline{r}$ und f. Leider betrug das größte bei der Meßtemperatur 77 K erzeugbare Magnetfeld nur $1.2 \cdot 10^5$ A/m. Deshalb
verursacht die Anwendung von Gleichung (9) bei den kleinsten

vermessenen Teilchen von ca. 2 nm Radius einen merklichen Fehler. Statt des tatsächlichen Wertes für f erhält man einen zu kleinen Wert f´. Wird nun f´ in Gleichung (8) eingesetzt, so erhält man einen ebenfalls fehlerbehafteten Wert $\bar{r}´$, dessen relativer Fehler jedoch nur 1/3 des Fehlers von f´ beträgt. Mit Hilfe von Gleichung (7) wird aus r´ berechnet, wie groß der Fehler ist, der durch die Anwendung von Gleichung (9) entsteht. Auf diese Weise können f´ und r´ korrigiert werden. Bild 1 zeigt $\bar{r}^3$ als Funktion von der Glühzeit t bei 550 °C für die Legierungen 2/1, 2/2, 2/3 und 2/4.

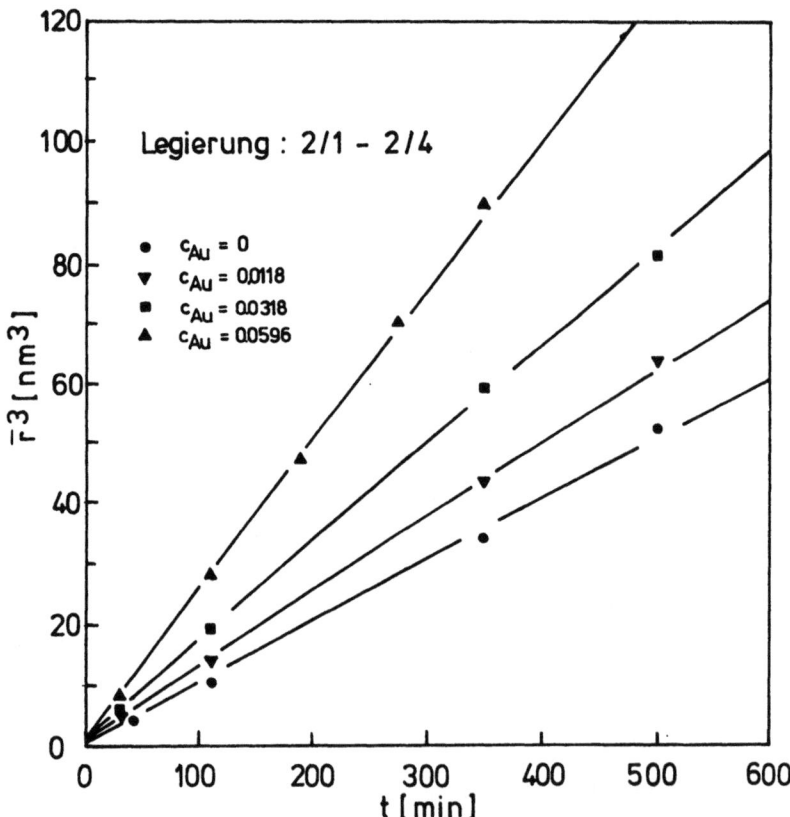

Bild 1: $\bar{r}^3$ der Co-reichen Teilchen als Funktion der Glühzeit t bei 550 °C für die Legierungen 2/1, 2/2, 2/3 und 2/4.

Die Tmperatur von 550 °C wurde für alle Auslagerungen
verwandt. Bei dieser Temperatur fällt die Glühzeit t in
den günstigen Bereich zwischen 0.5 und 80 h. In Tabelle 2
sind die Parameter w und r_0^3 der Gleichung (6) für alle
Legierungen, in denen sich Co-reiche Partikel bilden,
zusammengestellt. Die Abweichungen zwischen den nach
Gleichung (6) berechneten und den gemessenen Radien betragen im Mittel 0.8 %. Es ist möglich, daß die Teilchen
von einer dünnen Schicht umgeben sind, die weder die
Matrix- noch die Teilchenzusammensetzung hat (Ernst et
al. (1971)). Da dies aber alle Legierungen in gleichem
Maße treffen würde, müßten die Ergebnisse bzgl. $\bar{r}$ nur
umgeeicht werden. Eine zusätzliche Konzentrationsab-
hängigkeit entstünde dadurch nicht.

Tabelle 2: Parameter w und r_0^3 aus Gleichung (6).

Legierungsnummer	w [(nm)³/min]	r_0^3 [(nm)³]
2/1	0.0904	0.837
2/2	0.1217	1.165
2/3	0.1538	1.565
2/4	0.2466	1.364
3/1	0.1093	2.683
3/2	0.1325	1.760
3/3	0.1873	0.805
3/4	0.2786	1.147
4/1	0.1233	1.752
4/2	0.1510	0.041
4/3	0.1908	2.244
5/1	0.1259	3.493
5/2	0.1570	0.847
5/3	0.2422	2.730

Der Volumenbruchteil f wurde auf drei verschiedene
Weisen bestimmt: Erstens wie oben dargestellt bei 77 K,
zweitens bei 4.2 K, jedoch mit etwas größeren durch das
Meßverfahren bedingten Fehlergrenzen, und drittens aus
dem Bruchteil ϕ der Atome, die in den Teilchen eingebaut

sind (Abschnitt 2.1). Es gilt:

$$f = \frac{\phi(1 - \epsilon)^3}{(1 - \phi) + \phi(1 - \epsilon)^3} \qquad (10)$$

Dabei ist ϵ die Fehlpassung der in die CuAu-Matrix eingebauten Teilchen (s. Abschnitt 1. und 2.6). Alle Ergebnisse für f sind in Tabelle 3 zusammengestellt. Die Übereinstimmung ist sehr gut, z. B. ist das Verhältnis der bei 77 K magnetisch bestimmten f-Werte zu den aus ϕ berechneten Werten im Mittel 0.976. Das ist ein Beweis dafür, daß die im Abschnitt 2.1 genannten Matrix- und Teilchenzusammensetzungen zutreffen. f ist erwartungsgemäß unabhängig von der Glühzeit.

Tabelle 3: Volumenanteil f der Teilchen.

Legierungs-nummer	100 f		
	magnetisch gemessen bei		berechnet aus ϕ
	77 K	4.2 K	
2/1	0.950	0.953	1.048
2/2	1.031	1.038	1.043
2/3	1.013	1.015	1.035
2/4	1.063	1.064	1.024
3/1	1.418	1.455	1.414
3/2	1.400	1.400	1.407
3/3	1.295	1.319	1.397
3/4	1.406	1.403	1.382
4/1	1.900	1.934	1.924
4/2	1.971	1.967	1.915
4/3	1.815	1.821	1.901
5/1	2.332	2.364	2.559
5/2	2.355	2.341	2.548
5/3	2.605	2.569	2.529

2.4 Messung der kritischen Schubspannung

Alle Verformungen wurden in einer Instron-Zerreißmaschine Modell TT-BM-L durchgeführt, und zwar als Druckversuch mit einer Abgleitgeschwindigkeit von $1.2 \cdot 10^{-4}$ sec^{-1}. Obgleich die Probenenden sehr gut planparallel waren, wurde bei allen Verformungen auf die obere Stirnfläche der Proben eine Stahlhalbkugel gelegt. Dadurch konnte gewährleistet werden, daß die Krafteinleitung exakt axial ist. Der größte Teil der Verformungen wurde in einem Bad aus Siliconöl AP 200 der Fa. Wacker-Chemie bei 523 K durchgeführt. Die Legierungen 1/1 - 1/4, die keine Co-Teilchen enthalten, wurden außerdem bei 77 K (flüssiger Stickstoff), 123 K (mit flüssigem Stickstoff gekühltes Isopentan) und bei 293 K verformt. Die Last, die der kritischen Schubspannung entspricht, wurde aus dem Schnittpunkt des extrapolierten elastischen Anstiegs und des ebenfalls extrapolierten ersten plastischen Bereichs im Kraft-Zeit-Diagramm ermittelt. Jede im folgenden angegebene kritische Schubspannung ist der Mittelwet über 4 - 5 gleich behandelte Proben. Der Standardfehler des Mittelwertes berägt ca. ±2 %.

In Bild 2 ist τ_s als Funktion der Verformungstemperatur für die Mischkristalle 1/1 - 1/4 aufgezeichnet. Bei 523 K ist die Temperaturabhängigkeit offensichtlich sehr klein. Deshalb wurde diese Temperatur für alle Verformungsexperimente zur Überlagerung von Mischkristall- und Teilchenhärtung gewählt. Die Werte für τ_s bei 523 K sind mit den Standardabweichungen ihrer Mittelwerte in Tabelle 4 angegeben. Für alle anderen Legierungen ist die kritische Schubspannung τ_t in den Bildern 3 a - d als Funktion von $\sqrt{\bar{r}}$ aufgetragen. Zusätzlich sind in Tabelle 5 τ^* und τ^{**} der Meßpunkte verzeichnet, für die $\bar{r}|\epsilon|bG_B/T < 0.27$ ist. τ^* und τ^{**} werden in Gleichung (13) definiert.

Tabelle 4: Kritische Schubspannung τ_s bei 523 K.

Legierungsnummer	τ_s [MN/m^2]
1/1	3.50 ± 0.10
1/2	8.73 ± 0.16
1/3	14.65 ± 0.58
1/4	20.72 ± 0.36

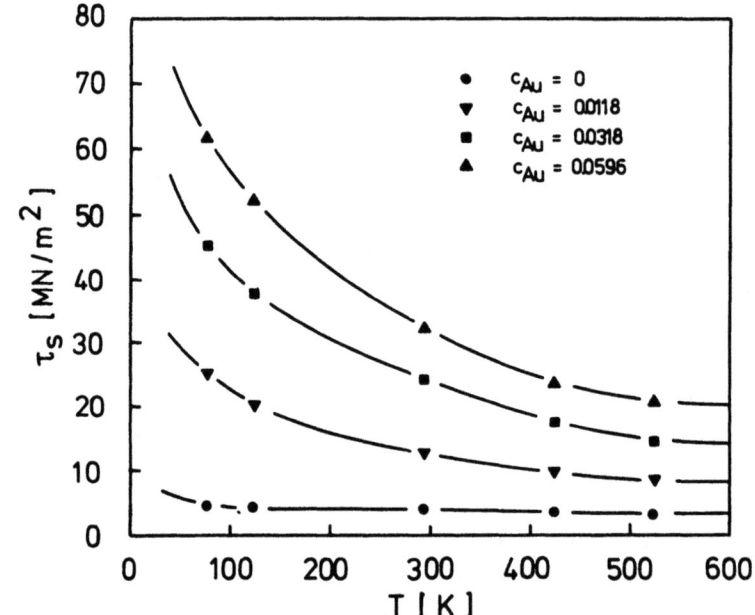

Bild 2: Die kritische Schubspannung τ_s als Funktion der Verformungstemperatur T für die Mischkristalllegierungen 1/1, 1/2, 1/3 und 1/4.

Bild 3: τ_t als Funktion von $\sqrt{\bar{r}}$ bei 550 °C.

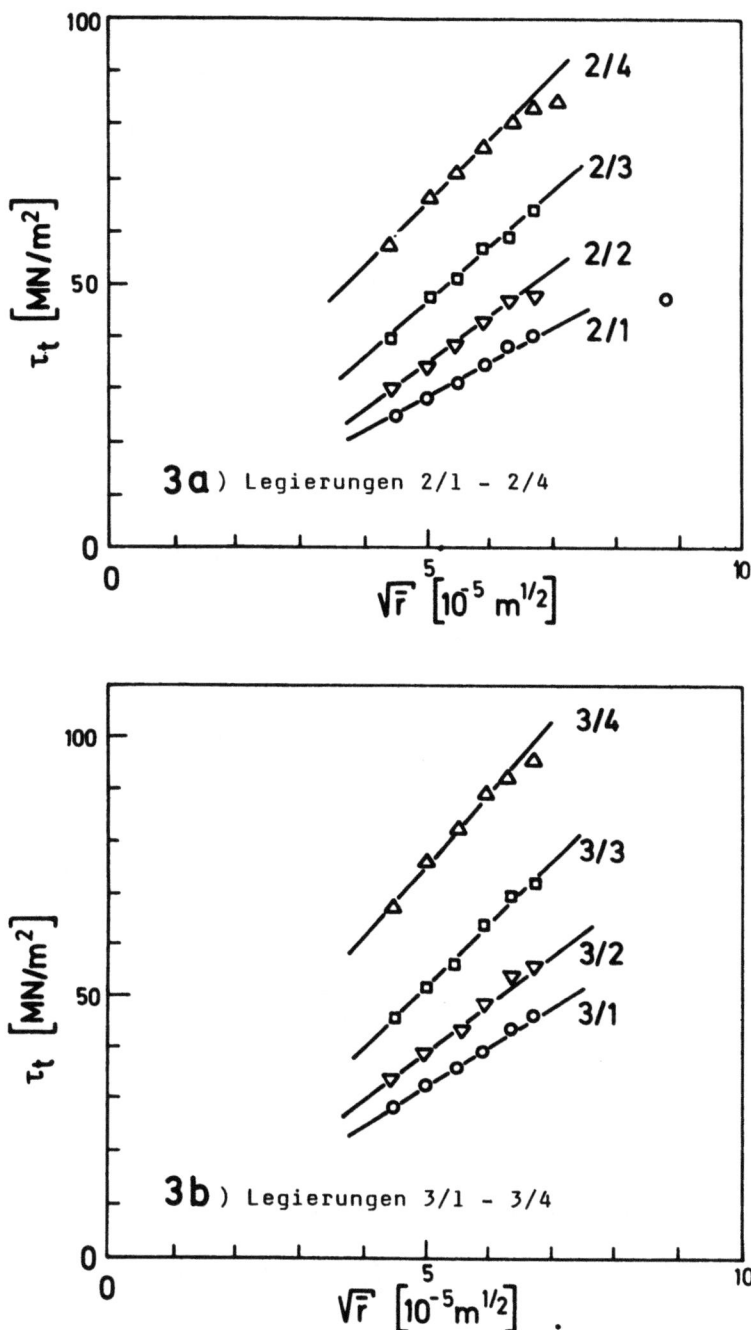

3a) Legierungen 2/1 - 2/4

3b) Legierungen 3/1 - 3/4

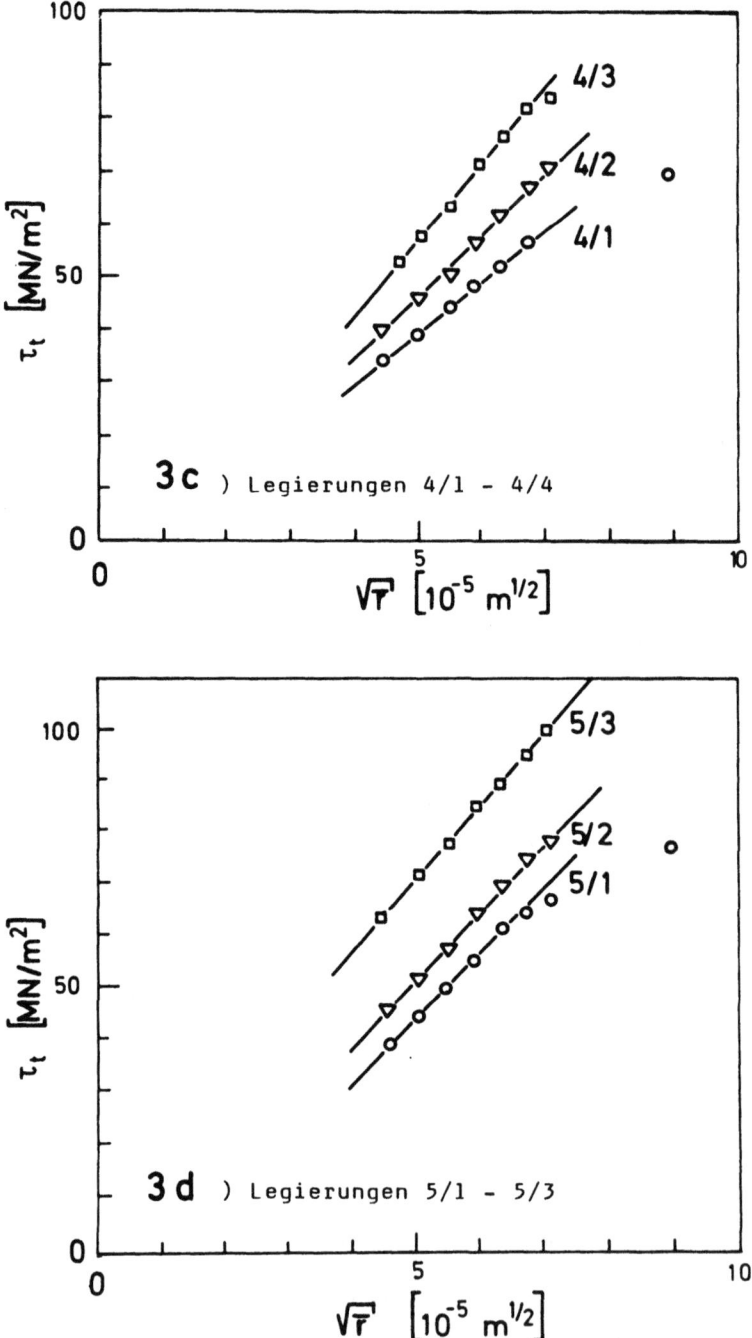

3c) Legierungen 4/1 - 4/4

3d) Legierungen 5/1 - 5/3

Tabelle 5: Meßergebnisse der kritischen Schubspannung.

Leg. Nr	$\bar{r}$ [mn]	τ_t [MN/m²]	τ^*	τ^{**}	$\bar{r}\|\epsilon\|bG_B/T$
2/1	2.042	25.43	1.928	2.214	0.182
	2.506	28.63	1.994	2.255	0.224
	3.025	31.37	2.013	2.252	0.270
2/2	1.988	30.48	1.614	2.167	0.196
	2.508	34.21	1.683	2.185	0.247
2/3	1.976	39.42	1.509	2.230	0.225
2/4	1.960	57.12	1.731	2.531	0.263
3/1	2.012	28.38	1.804	2.041	0.180
	2.509	32.39	1.875	2.090	0.224
	3.010	35.64	1.905	2.102	0.269
3/2	1.976	33.92	1.609	2.093	0.195
	2.467	38.81	1.719	2.161	0.243
3/3	2.025	46.01	1.670	2.322	0.231
3/4	2.009	66.55	1.872	2.583	0.269
4/1	1.993	34.34	1.941	2.149	0.178
	2.516	39.05	1.991	2.178	0.224
	3.024	44.21	2.080	2.251	0.270
4/2	1.966	40.23	1.700	2.119	0.194
	2.515	46.11	1.783	2.160	0.248
4/3	2.213	52.96	1.648	2.189	0.252
5/1	2.092	39.12	1.975	2.160	0.187
	2.557	44.66	2.064	2.232	0.228
	2.992	49.83	2.148	2.304	0.267
5/2	2.057	45.50	1.775	2.155	0.203
	2.507	51.11	1.853	2.201	0.247
5/3	1.964	63.22	1.851	2.344	0.224

Die Größen τ^* und τ^{**} werden in Gleichung (13) auf Seite 24 definiert.

2.5 Messung der elastischen Moduln

Beim Vergleich der Teilchenhärtung in Cu-Matrizen unterschiedlicher Au-Konzentration muß berücksichtigt werden, daß in Gleichung (5) der Schubmodul G_B und die Linienspannung T, die beide c_{Au}-abhängig sind, eingehen. Deshalb wurden für die drei in Abschnitt 2.1 erwähnten binären CuAu-Legierungen (c_{Au} = 0.02, 0.05 und 0.075) die elastischen Moduln c_{ik} gemessen. Aus ihnen läßt sich sowohl G_B als auch T berechnen.

Folgendes Meßverfahren wurde angewandt: An den [110]-Einkristallen (s. Abschnitt 2.2) wurde die Geschwindigkeit von Ultraschallimpulsen bestimmt, und zwar für drei verschiedene Polarisationen der Wellen:

1. tranversal, Polarisation längs [001]
2. tranversal, Polarisation längs [$\bar{1}$10]
3. longitudinal

(Riehemann und Nembach (1979)). Bezeichnet man diese drei Geschwindigkeiten mit v_1, v_2 bzw. v_3, dann sind sie über die folgenden Relationen mit den elastischen Moduln c_{ik} verknüpft:

$$\rho v_1^2 = c_{44}$$
$$\rho v_2^2 = (c_{11} - c_{12})/2 \qquad (11)$$
$$\rho v_3^2 = (c_{11} + c_{12} + 2c_{44})/2$$

ρ ist die Dichte des Materials. Zur Erhöhung der Meßgenauigkeiten wurden die Schallgeschwindigkeiten nicht absolut, sondern relativ zu den entsprechenden in reinem Cu gemessen. Dadurch wird der Einfluß des Goldgehaltes c_{Au} am deutlichsten. c_{11}, c_{12} und c_{44} sind lineare Funktionen von c_{Au}:

$$c_{11} = c_{11}^0 (1 - \beta_{11} c_{Au})$$

Für c_{12} und c_{44} gilt entsprechendes. Die Koeffizienten

c^0 und β sind in Tabelle 6 für die drei Temperaturen 77, 293 und 523 K aufgelistet.

Tabelle 6: Koeffizienten zur Berechnung der elastischen Moduln c_{11}, c_{12} und c_{44}. Die Größen c^0_{11}, c^0_{12} und c^0_{44} sind in $[10^{11} \text{N/m}^2]$ angegeben.

	77 K	293 K	523 K
c^0_{11}	1.7586	1.6991	1.6268
β_{11}	0.01	-0.01	-0.03
c^0_{12}	1.2421	1.2258	1.201
β_{12}	-0.43	-0.42	-0.41
c^0_{44}	0.8178	0.7550	0.6852
β_{44}	0.72	0.67	0.61

Aus den mit Hilfe dieser Koeffizienten berechneten c_{ik} wurden die Schubmoduln G_B, G_W und die Linienspannung T der Stufenversetzungen berechnet, letztere von Bacon (1979) nach einem von Bacon und Scattergood (1974) angegebenen Verfahren. Für G_B gilt:

$$G_B = \frac{3 c_{44}(c_{11} - c_{12})}{c_{11} - c_{12} + 4 c_{44}} \quad,$$

und für G_W:

$$G_W = \{c_{44}(c_{11} - c_{12})/2\}^{1/2} \quad.$$

G_B und G_W variieren linear mit c_{Au} gemäß:

$$G_B = G_{B_0}(1 - \gamma_B c_{Au}) \quad.$$

Entsprechendes gilt für G_W. Die Linienspannung T von

Stufenversetzungen kann geschrieben werden in der Form

$$T = T_0(1 - \gamma_T c_{Au}) a^2 \; 10^{10} \; \ln(\rho_a/\rho_i) \quad ,$$

a ist die Gitterkonstante der Matrix in Einheiten von m, ρ_a und ρ_i sind der äußere bzw. der innere Abschneideradius der Versetzungen. Für ρ_a/ρ_i wird 10^4 angenommen. Die Parameter für G_B, G_W und T sind in Tabelle 7 angegeben. Obwohl in der Diskussion in Abschnitt 3 nur die G_B-, G_W- und T-Werte bei 523 K von Bedeutung sind, werden die Werte bei den anderen Temperaturen bereits jetzt in Tabelle 7 für künftige Messungen bereitgestellt.

Tabelle 7: Koeffizienten zur Berechnung der Schubmoduln G_B, G_W und der Linienspannung T. G_{B_0}, G_{W_0} und T_0 werden in $10^{11} N/m^2$ angegeben.

	77 K	293 K	523 K
G_{B_0}	0.3345	0.3071	0.2764
γ_B	1.04	1.03	1.01
G_{W_0}	0.4595	0.4228	0.3819
γ_W	0.91	0.87	0.84
T_0	0.1118	0.1021	0.0917
γ_T	0.89	0.79	0.68

Für Schraubenversetzungen berechnen sich die Werte T_0 und γ_T bei 523 K zu: 0.5023 Nm^{-2} bzw. 0.27.

2.6 Messung der Fehlpassung der Teilchen.

Zur Auswertung der Teilchenhärtung wird neben den Schubmoduln auch die Fehlpassung ε der Teilchen benötigt (s. Abschnitt 1). ε kann nach Eshelby (1956) aus den Gitterkonstanten a_s der Matrix und a_p der Teilchen berechnet werden:

$$\varepsilon = \frac{a_s - a_p}{a_s} \frac{1}{1 + 4G/3K} \qquad (12)$$

a_s und a_p müssen dabei in den unverzerrten Gittern gemessen werden. Sowohl das Gitter der Matrix als auch das Gitter der Teilchen sind kubisch-flächenzentriert. Da a_s größer als a_p ist, werden die Teilchen in der CuAu-Matrix dilatiert. K ist der Kompressionsmodul der Teilchen und G der Schubmodul der Matrix. Für K wird der von Witt und Gerold (1969) für Raumtemperatur angegebene Wert übernommen: $K = 0.183 \cdot 10^{12}$ N/m². Für G werden die Werte aus Tabelle 7 übernommen:

$$G_W(T = 293 \text{ K}) = 0.4228 \cdot 10^{11} (1 - 0.87 c_{Au}) \text{ N/m}^2 .$$

Da die Temperaturabhängigkeit von K nicht bekannt ist, wurden die oben angegebenen Werte für K und G bei allen Temperaturen verwandt. Durch die Verhältnisbildung G/K in Gleichung (12) wird der Nenner ohnehin nahezu temperaturunabhängig. Es wäre sinnlos, nur die Temperaturabhängigkeit von G zu berücksichtigen. Würde in das Verhältnis K/G der Schubmodul G_B anstelle von G_W eingehen, so bliebe die c_{Au}-Abhängigkeit von ε unverändert.

Mit Hilfe eines Röntgendiffraktometers wurden an Pulverproben die Gitterkonstanten folgender Legierungen bei Raumtemperatur gemessen: 1/1, 1/2, 1/3, 1/4, reines Cu, 0.91 Co-0.086 Cu-0.004 Au, 0.91 Co-0.09 Cu. Die beiden letzten Legierungen ergeben die Gitterkonstanten des Teilchenmaterials, je nachdem ob die Matrix Au enthält oder nicht. Ge-Pulver diente als innerer Standard. Für die Gitterkonstante von Ge wurde 0.56574 nm (Smakula und Kalnajs (1955)) angenommen. Die Auswertung erfolgte nach dem Extrapolationsverfahren von Nelson und Riley (1945). Um die Gitterkonstanten bei anderen Temperaturen zu erhalten, wurde mittels eines Differentialtransformators die thermische Längenänderung von 50 mm langen zylindrischen Stäben der zu untersuchenden Legierungen gemessen. Aus ihren relativen Längenänderungen $\Delta \ell / \ell$ lassen sich die entsprechenden relativen Gitterkonstanten-änderungen berechnen: $\Delta a/a = \Delta \ell / \ell$. In Tabelle 8 sind die verschiedenen Gitterkonstanten bei fünf verschiedenen Temperaturen zusammengestellt. Die mittleren Fehler werden auf höchstens 0.0001 nm geschätzt. Der Ausdehnungskoeffizient der Legierung Co-0.086 Cu-0.004 Au wurde nicht bestimmt. Da diese Legierung aber dieselbe Gitterkonstante bei Raumtemperatur wie die Legierung 0.91 Co-0.09 Cu hat und sich die Ausdehnungskoeffizienten der Cu-Basis- und Co-Basis-Legierungen kaum unterscheiden, ist sicher, daß der Au-Anteil von 0.004 keinen Einfluß auf die Gitterkonstante der zweiten Co-Basis-Legierung hat. Es sei bemerkt, daß der Zahlenwert dieser Legierung in Tabelle 8 zwischen dem von Phillips (1965) und Klement (1963) gemessenen liegt. Mit Hilfe von Tabelle 8 kann mittels Gleichung (12) die Fehlpassung der Co-reichen Partikel berechnet werden. ε ist eine lineare Funktion der Au-Konzentration c_{Au}. Für die verschiedenen Temperaturen erhält man:

77 K: $\varepsilon(c_{Au}) = 0.01310 + 0.1283\, c_{Au}$

293 K: $\varepsilon(c_{Au}) = 0.01344 + 0.1292\, c_{Au}$

523 K: $\varepsilon(c_{Au}) = 0.01401 + 0.1286\, c_{Au}$

Tabelle 8: Gitterkonstanten der unverzerrten Gitter.

Legierung	Gitterkonstante [nm]				
	77 K	123 K	173 K	293 K	523 K
Cu	0.3604	0.3606	0.3609	0.3615	0.3629
1/1	0.3604	0.3606	0.3609	0.3615	0.3629
1/2	0.3611	0.3613	0.3617	0.3622	0.3636
1/3	0.3623	0.3625	0.3629	0.3634	0.3648
1/4	0.3640	0.3642	0.3645	0.3651	0.3665
0.91 Co-0.09 Cu	0.3542	0.3544	0.3546	0.3551	0.3562
0.91 Co-0.086 Cu-0.004 Au				0.3551	

In Bild 4 ist ε bei 523 K gegen c_{Au} aufgetragen, die
geschätzten Fehlergrenzen sind eingezeichnet. Deutlich
ist zu erkennen, daß die genannte lineare Beziehung
zwischen ε und c_{Au} sehr gut erfüllt ist.

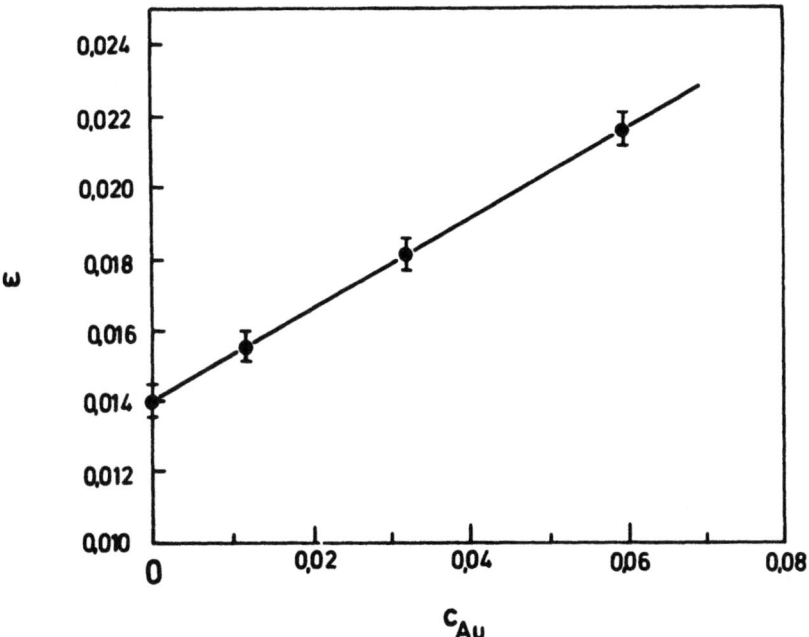

Bild 4: Fehlpassung ε als Funktion der Goldkonzentration
c_{Au} der Matrix bei 523 K.

3. Diskussion

Die Aufgabe der Diskussion besteht zunächst darin zu
untersuchen, welche der drei in Abschnitt 1 angegebenen
Superpositionsvorschriften für Mischkristall- und Teilchenhärtung die in Abschnitt 2.4 präsentierten Meßergebnisse am besten beschreibt. Es kann leicht gezeigt werden,
daß Gleichung (3) sicher nicht zutreffend ist. Dazu werden
zunächst die Größen n_p und n_s aus Gleichung (4) abgeschätzt.
n_p und n_s sind die Zahlen der Teilchen bzw. der gelösten

Atome (hier Au), die jeweils in 1 m² {111}-Ebene liegen.
Sei z. B. c_{Au} = 0.01184 und f = 0.0236 (das entspricht
Legierung 5/2) und $\bar{r}$ = 2.0 nm. Sei ferner a_s die Gitterkonstante der Matrix, dann ist n_s = 0.01184/(0.433a_s^2).
Die mittlere Schnittfläche der Co-reichen Teilchen, deren
mittlerer Radius $\bar{r}$ ist, mit den {111}-Ebenen beträgt:
0.754$\bar{r}^2\pi$ (Nembach und Chow (1978)). Damit erhält man
n_p = 0.0236/(0.754$\bar{r}^2\pi$). Hieraus folgt: v_p = 0.012 und
v_s = 0.988. Aus diesen Werten und Gleichung (3) gewinnt
man eine obere Grenze für $\tau_t(\bar{r}$ = 2 nm, [5/2]):

$$\tau_t(\bar{r} = 2 \text{ nm}, [5/2]) = \sqrt{v_s}\tau_s([1/2]) + \sqrt{v_p}\tau_t(\bar{r} = 2 \text{ nm}, [5/1])$$
$$= 13.0 \text{ MN/m}^2$$

Dabei sind die Zahlen in eckigen Klammern Legierungs-
nummern. Experimentell wurde jedoch für obigen Ausdruck
45.5 MN/m² ermittelt. Ein Grund für diese Diskrepanz ist,
daß Gleichung (3) τ_s zu stark wichtet. Es sei bemerkt, daß
die hier angegebenen Werte für c_{Au}, f und $\bar{r}$ bereits das
größte experimentell realisierte Verhältnis v_p/v_s liefern.
Geht man jedoch davon aus, daß nicht einzelne Misch-
kristallatome die Härtung verursachen, sondern durch
Fluktuationen gebildete Atomgruppen, dann wird das Verhältnis v_p/v_s größer. Es bleibt also zu prüfen, ob die lineare (Gleichung (1)) oder die pythagoräische (Gleichung (2))
Superposition das Experiment besser beschreiben. Dazu
werden zwei reduzierte kritische Schubspannungen τ^*
und τ^{**} eingeführt:

$$\tau^* = (\tau_t - \tau_s)/N$$
$$\tau^{**} = (\tau_t^2 - \tau_s^2)^{1/2}/N \quad (13)$$

mit $\quad N = (G_B|\varepsilon|)^{3/2}\{f\bar{r}b/(2T)\}^{1/2}$

$\bar{r}$ und f wurden bei 77 K, τ_t jedoch bei 523 K gemessen,
daher sind $\bar{r}$ und f entsprechend der thermischen Ausdeh-
nung zu korrigieren. Diese vergrößert $\bar{r}$ um 0.7 % und
verkleinert f um 0.4 % (Abschnitt 2.6). Da diese Korrektur

unberücksichtigt blieb, sind alle τ^* und τ^{**} um 0.1 %
zu groß. Diese Abweichungen liegen weit unter der
Meßgenauigkeit. Vergleicht man τ^* und τ^{**} mit Gleichung (1)
bzw. Gleichung (2) und Gleichung (5), so stellt man fest,
daß τ^* oder τ^{**} gleich der Konstanten A wird, je nachdem,
ob die lineare oder die pythagoräische Superposition
richtig ist. Eine quantitative Übereinstimmung könnte
jedoch nur dann erwartet werden, wenn die Konstante A
und die Abschneideradien ρ_i und ρ_a, die in die Linienspannung T (s. Abschnitt 2.5) eingehen, genau genug
bekannt wären. Da dies nicht der Fall ist, wird untersucht
inwieweit τ^* bzw. τ^{**} unabhängig von $\bar{r}$, f und c_{Au} ist.
Für alle Proben, für die $\bar{r}|\epsilon|bG_B \leq 0.27$ gilt, sind τ^* und
τ^{**} in Tabelle 5 aufgeführt.

3.1 Prüfung der Gleichung (5).

Zunächst wird Gleichung (5) für die Legierungen 2/1, 3/1,
4/1 und 5/1 überprüft. Für diese gilt: $c_{Au} = 0$, d. h. bei
diesen Legierungen wird der Mischkristallanteil τ_s allein
durch die 0.003 Atombruchteile Co bestimmt und ist deshalb
sehr klein. Dies hat wiederum zur Folge, daß die Unterschiede der Superpositionsgesetze Gleichung (1) und Gleichung (2) von untergeordneter Bedeutung sind.

Nach Schwarz und Labusch (1978) sind Formeln, wie sie
Gleichung (5) darstellt, nur dann gültig, wenn die reduzierte Hindernisweite η_0 (s. Gleichung (14)) sehr viel
kleiner als eins ist:

$$\eta_0 = (y_0/\ell)(2T/F)^{1/2} \qquad (14)$$

Dabei ist F die maximale Wechselwirkungskraft zwischen
Teilchen und Versetzung, y_0 die Reichweite von F und ℓ
der mittlere Teilchenabstand in der Gleitebene. Nach
Gerold und Pham (1979) kann F abgeschätzt werden zu
$4G_B|\epsilon|\bar{r}b$. Für ℓ erhält man $(0.754\bar{r}^2\pi/f)^{1/2}$, und für y_0
ergibt sich als obere Grenze $2\bar{r}$. η_0 wird maximal für

die Legierung 5/1 und $\bar{r}$ = 2 nm: $\eta_{o\,max}$ < 0.3. Damit ist
Gleichung (5) anwendbar für die Beschreibung der Härtung
durch Co-reiche Teilchen im Falle der hier vorgestellten
Legierungen.

In Tabelle 5 sind einige Werte für $\bar{r}$, τ_t, τ^* und τ^{**}
aufgeführt. Für vier Meßpunkte der Legierungen 2/1, 3/1,
4/1 und 5/1 ist $\bar{r}|\epsilon|bG_B$ < 0.2, dabei sind die mittleren
Radien alle nahezu gleich groß. Ist Gleichung (5) zutreffend, so muß τ^* bzw. τ^{**} unabhängig von f sein, das
zwischen 0.0095 und 0.0233 variiert. Setzt man
$\tau^* = a_1 f^{x_1}$ und $\tau^{**} = a_2 f^{x_2}$, so ergibt ein Fit, der die
quadratische Abweichung von den Meßpunkten minimalisiert:
x_1 = 0.038 und x_2 = -0.017. Da die Fehlergrenzen von x_1
und x_2 etwa so groß sind wie x_1 bzw. $|x_2|$ selbst, kann
der Exponent von f in Gleichung (5) als richtig angesehen werden. Gleiter's Exponent 5/6 ist mit den hier
vorgelegten Meßdaten unvereinbar.

Erhöht man die Grenze für $\bar{r}|\epsilon|bG_B/T$ auf 0.27, so liefert
eine ähnliche Auswertung der in Tabelle 5 für die Legierungen 2/1, 3/1, 4/1 und 5/1 aufgeführten Meßdaten
bei einer Anpassung an $\tau^* = b_1 f^{x_1} \bar{r}^{y_1}$ bzw. $\tau^{**} = b_2 f^{x_2} \bar{r}^{y_2}$:
x_1 = 0.053, x_2 = 0.003, y_1 = 0.17 und y_2 = 0.10. Die
Fehlergrenzen für x_i (i = 1, 2) betragen ca. 0.05 und
die für y_i (i = 1, 2) ca. 0.08. Es zeigt sich also auch
hier, daß in Gleichung (5) der zutreffende f-Exponent
steht. Die Abweichung der $\bar{r}$-Exponenten y_i von Null ist
nur knapp außerhalb der Fehlergrenzen. An dieser Stelle
sei bemerkt, daß $\overline{r^{1/2}} = 0.993 \bar{r}^{1/2}$ ist; dieser Unterschied
ist somit vernachlässigbar.

Läßt man schließlich alle Meßwerte zu, für die c_{Au} = 0
und $\bar{r}|\epsilon|bG_B/T$ < 0.45 ist, so ergibt sich mit der Nomen-
klatur des letzten Absatzes: x_1 = 0.057, x_2 = 0.013,
y_1 = 0.18 und y_2 = 0.13. Die Fehlergrenzen sind die
gleichen wie im letzten Absatz. Offensichtlich ändert
die Erweiterung der Grenze für $\bar{r}|\epsilon|bG_B/T$ von 0.27 auf

0.45 fast nichts. Damit ist gezeigt, daß Gleichung (5)
sicher zur Beschreibung der Härtung von Cu durch kohärente Co-reiche Partikel geeignet ist, sofern
$\bar{r}|\epsilon|bG_B/T<0.27$ ist. Bemerkenswert ist, daß die durch
pythagoräische Subtraktion gewonnenen Exponenten x_2
bzw. y_2 näher an denen von Gleichung (5) liegen als die
durch lineare Subtraktion erhaltenen Exponenten x_1 bzw.
y_1. Das zeigt, daß die pythagoräische Superposition von
Mischkristall- und Teilchenhärtung sich besser mit
Gleichung (5) vereinbaren läßt, als die lineare Überlagerung.

Aus dem Verhältnis $\bar{r}|\epsilon|bG_B/T$ läßt sich berechnen, wie
stark sich die Versetzungen zwischen den Co-reichen
Teilchen durchbiegen. $\bar{r}|\epsilon|bG_B$ ist ein Maß für die Wechsel-
wirkungskraft zwischen Teilchen und Versetzung. T bestimmt
die Flexibilität der Versetzung. Die Forderung $\bar{r}|\epsilon|bG_B/T$
nach oben hin zu begrenzen, bedeutet, daß die Versetzungen
sich nur wenig verbiegen dürfen. Eine bestimmte, genau
festgelegte Grenze für den oben genannten Term läßt sich
schon deshalb nicht angeben, weil T nicht exakt berechen-
bar ist. Die am Anfang dieses Abschnitts diskutierte Be-
grenzung für η_0 ist eine Verfeinerung der zuletzt behan-
delten Grenze für $\bar{r}|\epsilon|bG_B/T$. η_0 berücksichtigt noch zu-
sätzlich das Verhältnis aus Reichweite der Wechselwirkungskraft und Hindernisabstand. Bereits in den Bildern
3 a - d ist erkennbar, daß für sehr große Radien τ_t
kleiner ist, als eine Extrapolation von kleinen Radien
her zuließe. Das steht im Einklang mit theoretischen
Überlegungen von Gerold und Pham (1979). Für sehr große
Teilchen wird der Orowan-Prozeß wirksam.

3.2 Prüfung des Superpositionsgesetzes.

Da es nicht möglich ist, die Absolutwerte von τ^* und τ^{**}
(die Zahl der Sterne entspricht der Potenz im Additions-
gesetz) mit der Konstanten A in Gleichung (5) zu ver-
gleichen, wird zunächst geprüft, ob τ^* und τ^{**} unabhängig

von c_{Au} und f sind. Mittelungen über die Meßwerte ergeben
bei verschiedenen Grenzen für $\bar{r}|\epsilon|bG_B/T$ und einigen zu-
sätzlichen Einschränkungen und Ergänzungen die in Tabelle 9
präsentierten Ergebnisse für die Mittelwerte $\overline{\tau^*}$ und $\overline{\tau^{**}}$.
Die angegebenen Fehler sind die Standardfehler:

$$\sigma = \{\frac{1}{n-1} \sum_{i=1}^{n} (\tau_i^* - \overline{\tau^*})^2\}^{1/2} \quad ,$$

n ist die Anzahl der ausgewerteten τ_i^*. Für $\overline{\tau^{**}}$ gilt entsprechendes. Ersichtlich ist die Fehlerbreite für die
pythagoräische Superposition fast immer kleiner als für die
lineare. Die pythagoräische Superpositionsformel (Gleichung (2)) beschreibt demnach die Meßergebnisse besser
als die lineare Additionsvorschrift (Gleichung (1)).
Die wichtigsten Ergebnisse in Tabelle 9 sind die in
Zeile 2. In Tabelle 9 wurden so viele verschiedene
Kombinationen ausgerechnet, um die Zuverlässigkeit der
Ergebnisse zu dokumentieren. Der mittlere Fehler jedes
einzelnen τ_i^*- und τ_i^{**}-Wertes beträgt höchstens 6 %. Er
ergibt sich aus den Fehlern von τ_t, τ_s, $\bar{r}$, f, ϵ, G_B
und T. σ von $\overline{\tau^*}$ übersteigt fast immer diese 6 %. Der
Unterschied zwischen $\overline{\tau^*}$ und $\overline{\tau^{**}}$ ist nur ca. 25 %, da
für $\bar{r}|\epsilon|bG_B/T < 0.27$ die Verhältnisse τ_s/τ_t und $(\tau_s/\tau_t)^2$
im Mittel nur 0.19 bzw. 0.04 betragen. In den Zeilen
3 - 5 wurde die $\bar{r}$-Abhängigkeit der Ergebnisse überprüft.
In Zeile 4 ist in Gleichung (5) $\bar{r}^{0.5}$ durch $\bar{r}^{0.6}/b^{0.1}$
ersetzt worden; dies wird durch die in Abschnitt 3.1
dargelegten Ergebnisse nahegelegt. In Zeile 5 wurde von
allen $\bar{r}$-Werten 0.2 nm abgezogen. Das trägt der eventuell
zu berücksichtigenden Oberflächenschicht der Teilchen
(s. Abschnitt 2.3) Rechnung.

In den Zeilen 6 und 7 wurde über Au-haltige und Au-freie
Proben getrennt gemittelt. Die Differenz zwischen den
beiden so erhaltenen $\overline{\tau^*}$-Werten beträgt 15 %, die entsprechende Differenz zwischen den $\overline{\tau^{**}}$-Werten hingegen
beträgt nur 2.7 %. Die Standardfehler der Mittelwerte

Tabelle 9: Mittelwerte für $\overline{\tau}^*$ und $\overline{\tau}^{**}$.

Lfd. Nr.	Grenze für $\overline{r}|\epsilon|bG_B/T$	Zusatz-Bedingung	Anzahl der ausgewerteten τ^* bzw. τ^{**}	$\overline{\tau}^* \pm \sigma$ σ in [%]	$\overline{\tau}^{**} \pm \sigma$ σ in [%]
1	0.45		70	1.934 ± 8.8	2.311 ± 6.1
2	0.27		26	1.836 ± 9.0	2.218 ± 5.6
3	0.27	1.96 nm < $\overline{r}$ < 2.21 nm	14	1.759 ± 8.1	2.236 ± 7.1
4	0.27	$\overline{r}^{0.5} \rightarrow \overline{r}^{0.6}/b^{0.1}$ a)	26	1.474 ± 8.1	1.782 ± 6.0
5	0.27	$\overline{r} \rightarrow \overline{r} - 0.2$ nm b)	30	1.915 ± 8.1	2.340 ± 5.7
6	0.20		7	1.796 ± 8.7	2.135 ± 2.6
7	0.27	$c_{Au} = 0$	12	1.976 ± 4.8	2.186 ± 3.6
8	0.27	$c_{Au} > 0$	14	1.715 ± 6.1	2.246 ± 6.6
9	0.27	$G_B = G_{B_0}(1 - 1.8 c_{Au})$	26	1.865 ± 8.1	2.258 ± 7.7

a) In Gleichung (5) und (13) wird $\overline{r}^{0.5}$ durch $\overline{r}^{0.6}/b^{0.1}$ ersetzt.
b) Die nach Gleichung (6) berechneten $\overline{r}$ werden sämtlich um 0.2 nm reduziert.

$\overline{\tau^*}$ und $\overline{\tau^{**}}$ sind maximal 1.6 % bzw. 1.8 %. Wie man sofort erkennt, ist der Unterschied zwischen den beiden $\overline{\tau^*}$-Mittelwerten gravierend, während er für die $\overline{\tau^{**}}$-Mittelwerte fast innerhalb der Fehlerbreiten liegt. In Zeile 9 wurde die c_{Au}-Abhängigkeit von G_B willkürlich stark erhöht. Dadurch werden die Standardfehlerbreiten σ von τ^* bzw. τ^{**} etwa gleich groß. Für γ_B wurde 1.8 eingesetzt, um abschätzen zu können, wie sich eventuelle Fehler in den Konzentrationsabhängigkeiten von ϵ, G oder T auswirken. Allerdings liegt die hier angenommene c_{Au}-Abhängigkeit von G_B weit außerhalb der Fehlergrenzen. In Gleichung (13) begünstigt eine Verstärkung der c_{Au}-Abhängigkeit von G_B die lineare Superposition, für T gilt das Umgekehrte.

$\overline{\tau^*}$ ist immer kleiner als $\overline{\tau^{**}}$, da wegen des Quadrierens bei der τ^{**}-Bildung der relativ kleine Mischkristallbeitrag τ_s weniger stark ins Gewicht fällt als bei der linearen Superposition. Für $\bar{r}|\epsilon|bG_B/T < 0.27$ ist $\overline{\tau^*}$ = 1.84 und $\overline{\tau^{**}}$ = 2.22. Diese Werte sollten gleich der Konstanten A aus Gleichung (5) sein, d. h. gleich 3.7. Die hier erreichte ungefähre Übereinstimmung ist befriedigend. Es wurde ferner untersucht, ob τ^* oder τ^{**} mit c_{Au} oder f variiert. Dazu wurden mit Hilfe eines Fit-Programms die Parameter u_i, v_i und w_i berechnet:

$$\tau^*/\overline{\tau^*} = u_1 + v_1 c_{Au} + w_1 f$$
$$\tau^{**}/\overline{\tau^{**}} = u_2 + v_2 c_{Au} + w_2 f$$

Für $\bar{r}|\epsilon|G_B b/T < 0.27$ erhält man: u_1 = 0.951, v_1 = -2.33, w_1 = 4.90, u_2 = 0.964, v_2 = 2.40 und w_2 = 0.28. Wegen der erheblichen Streuung der τ_i^*- und τ_i^{**}-Werte (s. Tabelle 5) ist nur die Abweichung von w_1 gegen Null signifikant.

Eine sehr aufschlußreiche Information über das Superpositionsgesetz läßt sich auch schon allein aus den Legierungen 2/1, 3/1, 4/1 und 5/1 gewinnen. Nach dem Hebelgesetz läßt sich aus der Einwaage-Konzentration

c_{Co} der ausgeschiedene Atombruchteil ϕ (s. Abschnitt 2.1) berechnen:

$$\phi = \frac{c_{Co} - 0.003}{0.91 - 0.003} \quad .$$

0.003 bzw. 0.91 sind die Co-Konzentrationen von Matrix bzw. Teilchen. Aus Gleichung (10) erhält man mit hinreichender Genauigkeit $f = \phi(1 - \epsilon)^3$ und damit:

$$f = (1 - \epsilon)^3 \frac{c_{Co} - 0.003}{0.91 - 0.003} \quad .$$

Gleichung (5) fordert $\tau_p \sim f^{0.5}$. Nach Gleichung (1) bzw. (2) erhält man für den Beitrag der Teilchenhärtung τ_{p_1} (linear) bzw. τ_{p_2} (pythagoräisch):

$$\begin{aligned} \tau_{p_1} &= \tau_t - \tau_s \\ \tau_{p_2} &= (\tau_t^2 - \tau_s^2)^{1/2} \end{aligned} \quad (15)$$

Trägt man also $\tau_{p_1}^2$ bzw. $\tau_{p_2}^2$ gegen c_{Co} auf, so erwartet man eine Gerade mit der Co-Matrixkonzentration als Abszissenabschnitt. In Bild 5 sind diese Geraden gezeichnet für 1.99 nm < $\bar{r}$ < 2.04 nm. Wegen dieser recht kleinen $\bar{r}$-Streuung wurden alle τ_{pi}-Werte (i = 1, 2) noch mit $(2\text{ nm}/\bar{r})^{1/2}$ multipliziert. Für den Abszissenabschnitt erhält man bei der linearen (τ_{p_1}) Auftragung den Wert 0.0043 bei der pythagoräischen (τ_{p_2}) Auftragung hingegen 0.0026. Vergleicht man die 0.0043 mit dem in Abschnitt 2.1 angegebenen Wert von 0.003, so ist die Unverträglichkeit beider Werte offensichtlich. Nur die pythagoräische Superposition liefert ein den Erwartungen entsprechendes Ergebnis.

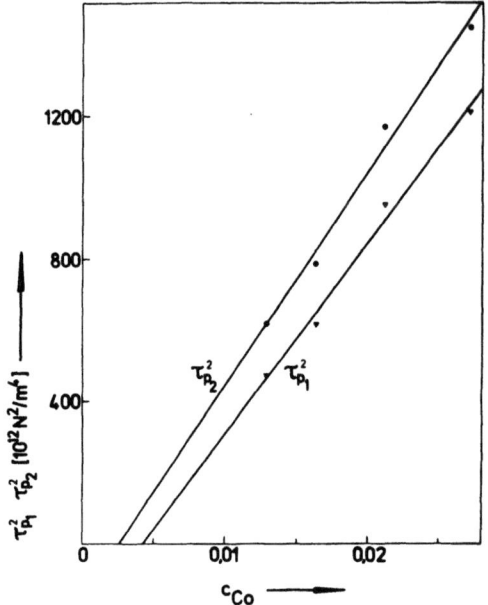

Bild 5: $\tau_{p_1}^2$ und $\tau_{p_2}^2$ (Gleichung (15)) als Funktion der Einwaagekonzentration an Co.

4. Schlußfolgerungen und Ausblick.

Das in dieser Arbeit vorgestellte Datenmaterial erlaubt den Schluß, daß sich im System (CuAu)-Co die Superposition von Mischkristallhärtung durch Au und Teilchenhärtung durch Co-reiche Partikel besser durch die pythagoräische Addition gemäß Gleichung (2) beschreiben läßt als durch die lineare gemäß Gleichung (1). Da bisher Experimente zur Teilchenhärtung stets nach Gleichung (1) ausgewertet wurden, hat vorstehendes Ergebnis natürlich gravierende Konsequenzen. Es muß daher durch entsprechende weitere Messungen an anderen Systemen untermauert werden.

5. Danksagungen und Anerkennungen.

Herr Dipl.-Phys. W. Riehemann hat die elastischen Moduln (Abschnitt 2.5) gemessen. Herrn Dr. D. J. Bacon, Department of Metallurgy and Materials Science, University of Liverpool, sei dafür gedankt, daß er die in Abschnitt 2.5 mitgeteilten Versetzungs-Linienspannungen berechnet hat, Herrn Prof. Dr. P. Haasen, Institut für Metallphysik der Universität Göttingen, dafür, daß er die Benutzung der Zerreißmaschine ermöglichte, und Herrn Dr. D. Stöckel, Rau Doublé-Fabrik, Pforzheim, für die Ausführung chemischer Analysen.

Literatur:

Bacon, D. J. und R. O. Scattergood (1974). J. Phys. F: Metal Phys. 4, 2126.
Bacon, D. J. (1979). Private Mitteilung.
Brown, L. M. and R. K. Ham (1971). In " Strengthening Methods in Crystals" herausgegeben von A. Kelly and R. B. Nicholson. Applied Science Publishers Ltd., London 1971.
Ebeling, R. and M. F. Ashby (1966). Phil. Mag. 13, 805.
Elliott, R. E. (1965). Constitution of Binary Alloys, First Supplement. McGraw-Hill Book Comp., New York etc..
Ernst, M., J. Schelten and W. Schmatz (1971). Phys. stat. sol. (a) 7, 469.
Eshelby, J. D. (1956). Solid State Physics 3, 79.
Foreman, A. J. E. and M. J. Makin (1967). Can. J. Phys. 45, 511.
Gerold, V. und H. Haberkorn (1966). Phys. stat. sol. 16, 675.
Gerold, V. und H. M. Pham (1979). Scripta Met. 13, 895.
Gleiter, H. (1967). Z. angew. Phys. 23, 108.
Hansen, M. und K. Anderko (1958). Constitution of Binary Alloys. McGraw-Hill Book Comp., New York etc., 2. Auflage.
Hirsch, P. B. and F. J. Humphreys (1970). Proc. Roy. Soc. Lond. A 318, 45.
Jansson, B. and A. Melander (1978). Scripta Met. 12, 497.
Klement, W. (1963). Trans. Met. Soc. AIME 227, 965.
Kneller, E. (1969). In A. E. Berkowitz und E. Kneller: Magnetism and Metallurgy, Vol 1, p. 366. Academic Press, New York und London.
Kocks, U. F., A. S. Argon and M. F. Ashby (1975). Thermodynamics and Kinetics of Slip. Pergamon Press, Oxford etc., 1975.
Köster, K. und E. Wagner (1937). Z. Metallkde. 29, 230.
Lifshitz, I. M. and V. V. Slyozov (1961). J. Phys. Chem. Sol. 19, 35.

Nelson, J. B. and D. P. Riley (1945). Proc. Phys. Soc. 57, 160.
Nembach, E. (1971). Z. Metallkde. 62, 291.
Nembach, E. and C. K. Chow (1978). Mat. Sci. Eng. 36, 271.
Phillips, V. A. (1965). Phil. Mag. 11, 775.
Riehemann, W. und E. Nembach (1979). Z. Metallkde. 70, 199.
Schwarz, R. B. und R. Labusch (1978). J. Appl. Phys. 49, 5174.
Shunk, F. A. (1969). Constitution of Binary Alloys, Second Supplement, McGraw-Hill Book Comp., New York etc.
Smakula, A. and J. Kalnajs (1955). Phys. Rev. 99, 1737.
Wagner, C. (1961). Z. Elektrochemie 65, 581.
Witt, M. und V. Gerold (1969). Z. Metallkde. 60, 482.

FORSCHUNGSBERICHTE
des Landes Nordrhein-Westfalen

*Herausgegeben
vom Minister für Wissenschaft und Forschung*

Die „Forschungsberichte des Landes Nordrhein-Westfalen" sind in zwölf Fachgruppen gegliedert:

Geisteswissenschaften
Wirtschafts- und Sozialwissenschaften
Mathematik / Informatik
Physik / Chemie / Biologie
Medizin
Umwelt / Verkehr
Bau / Steine / Erden
Bergbau / Energie
Elektrotechnik / Optik
Maschinenbau / Verfahrenstechnik
Hüttenwesen / Werkstoffkunde
Textilforschung

SPRINGER FACHMEDIEN WIESBADEN GMBH

If you have any concerns about our products,
you can contact us on
ProductSafety@springernature.com

In case Publisher is established outside the EU,
the EU authorized representative is:
**Springer Nature Customer Service Center GmbH
Europaplatz 3, 69115 Heidelberg, Germany**

Printed by Libri Plureos GmbH
in Hamburg, Germany